DEUTSCHE
DEMOKRATISCHE
REPUBLIK
DEUTSCHE AKADEMIE
DER
LANDWIRTSCHAFTS-
WISSENSCHAFTEN
ZU BERLIN

SITZUNGSBERICHTE

1968 · Band XVII · Heft 3

SIEGFRIED BADEWITZ

Operationsforschung in der Landwirtschaft

Möglichkeiten und Grenzen ihrer Anwendung

AKADEMIE-VERLAG · BERLIN · 1969

Gehalten vor der Sektion Agrarökonomik
der Deutschen Akademie der Landwirtschaftswissenschaften zu Berlin
am 23. Mai 1968

Herausgeber: Deutsche Demokratische Republik
Deutsche Akademie der Landwirtschaftswissenschaften zu Berlin
Erschienen im Akademie-Verlag GmbH, 108 Berlin, Leipziger Straße 3–4

Lizenznummer: 202 · 100/571/69
Herstellung: IV/2/14 VEB Werkdruck, 445 Gräfenhainichen · 3222
Bestellnummer: 2141/17/3 · ES 22 B
2,40

Die Entwicklung des ökonomischen Systems in der Deutschen Demokratischen Republik unter den Bedingungen der wissenschaftlich-technischen Revolution stellt höhere Anforderungen an die wissenschaftliche Führungstätigkeit. Zur Lösung der neuen Aufgaben sind Methoden und Instrumente der sozialistischen Wirtschaftsführung zu entwickeln und anzuwenden, die dazu beitragen, die vom VII. Parteitag der Sozialistischen Einheitspartei Deutschlands gestellten prinzipiellen Aufgaben zu erfüllen.

Von grundsätzlicher Bedeutung für die Anwendung von Operationsforschung ist die Konzipierung der Volkswirtschaft als ein System, in dem die verschiedenen produzierenden Einheiten als Teilsysteme eingeschlossen sind. Die Optimalität der Teilsysteme erfordert in zunehmendem Maße die eigenständige Planung der unteren Produktionseinheiten.

Das neue ökonomische System gibt den einzelnen Bereichen mehr Möglichkeiten zur selbständigen Handlung in den durch das Gesamtsystem gesetzten Grenzbedingungen und Zielsetzungen. Diese größere Beweglichkeit der Teilsysteme erfordert jedoch eine höhere Verantwortung bei Entscheidungen über die Gestaltung des Produktions- und Reproduktionsprozesses innerhalb dieser Teilsysteme: Für die Teilsysteme sind Verhaltensweisen zu entwickeln, die zur Optimalität des Gesamtsystems führen (FISCHER, 1968).

Zur wissenschaftlichen Vorbereitung der Entscheidungen wird deshalb in Zukunft auf allen Leistungsebenen in steigendem Maße Operationsforschung angewendet werden müssen.

1. Operationsforschung

1.1. Gegenstand, Ziel und Instrumentarium der Operationsforschung

Operationsforschung ist die Wissenschaft, die sich mit der Vorbereitung von Entscheidungen auf ökonomischem, soziologischem oder auch militärischem Gebiet befaßt. Ihr Ziel ist die Erarbeitung von Informationen, die als Grundlage von Entscheidungen dienen können. Unter Entscheidung versteht man dabei die Bestimmung zukünftigen Verhaltens durch Wahl einer möglichen Verhaltensvariante aus mehreren denkbaren. Der Entscheidungsprozeß läßt sich bei Anwendung von Methoden der Operationsforschung in drei grundsätzlich verschiedene Funktionen gliedern:

- Vorbereitung der Entscheidung
- Fällen der Entscheidung und
- Durchsetzen der Entscheidung

Operationsforschung bezieht sich lediglich auf die Vorbereitung von Entscheidungen. Die Operationsforschung liefert Grundlagen der Entscheidung, indem sie vor allem

- die umfassenden Auswirkungen der verschiedenen alternativen Möglichkeiten der Entscheidung aufdeckt und
- viele verschiedene Entscheidungsmöglichkeiten unter dem Blickwinkel wirtschaftlicher Zielsetzungen vergleicht.

Die Operationsforschung bedient sich hierbei nicht nur mathematischer, statistischer und formal-logischer Methoden. Zu ihrem Instrumentarium gehören auch psychologische, physiologische, soziologische, kybernetische, ökonomische, technologische u. a. Methoden. Die mathematischen, statistischen und kybernetischen Methoden haben beim gegenwärtigen Entwicklungsstand der Operationsforschung jedoch das Übergewicht. Die bei Operationsforschung angewendeten Theorien und Methoden sind zum großen Teil nicht neu, sondern aus anderen Wissenschaften entnommen. Allerdings wurden einige von ihnen im Zusammenhang mit der Operationsforschung verbessert, modifiziert oder erweitert (z. B. Matrizenrechnung – Verflechtungsbilanzierung).

Das wesentlich Neue an der Operationsforschung gegenüber der traditionellen Entscheidungsvorbereitung sind

- ihre Arbeitsmethode, d. h. die Art, in der Probleme gesehen und ihre Lösung versucht wird (vgl. Abschn. 2.),
- die Anwendung der Modellmethode im großen Umfang (vgl. Abschn. 2.3.),
- die Benutzung kybernetischer Erkenntnisse und Begriffe und
- die Möglichkeit der experimentellen Nachprüfbarkeit der Modelle (ZIMMERMANN, 1963).

1.2. Wesentliche Merkmale der Operationsforschung

Die wesentlichsten Merkmale der Operationsforschung seien in folgenden Punkten zusammengefaßt:

- Ziel der Operationsforschung ist stets, Grundlagen für das Auffinden der optimalen Varianten zu schaffen.
- Operationsforschung zeichnet sich durch eine komplexe Betrachtungsweise aus: Die Teilsysteme werden bei der Entscheidungsvorbereitung im Hinblick auf die Maximierung der Leistung des Gesamtsystems analysiert.
- Operationsforschung arbeitet mit analytischen, experimentellen und quantitativen Methoden. Ihre Ergebnisse sind quantitativer Art und häufig nur ein Teil der bei einer Entscheidung in Betracht zu ziehenden Gesichtspunkte (vgl. Abschn. 2.3.3.).

- Operationsforschung entlehnt erfolgreiche Methoden aus allen Zweigen der Wissenschaft. Auf Grund des komplexen Forschungsgegenstandes wird Operationsforschung am zweckmäßigsten im Kollektiv von Fachleuten verschiedenster Disziplinen durchgeführt.
- Operationsforschung bedient sich weitgehend der Modellmethode (vgl. Abschn. 2.3.1.).
- Bei Operationsforschung werden häufig durch die Lösung eines Problems neue Probleme aufgeworfen. Der größte Nutzen ist aus der Operationsforschung nach internationalen Erfahrungen dann zu erzielen, wenn die Untersuchungen nach der Lösung des ersten Problems weitergeführt werden.
- Bei Operationsforschung ist kein Platz für Traditionalismus oder Rezepte. Die Anwendung der Operationsforschung setzt eine kritische Haltung gegenüber vielen praktischen Erfahrungen voraus, insbesondere gegenüber Erfahrungen in der Organisation des Produktionsprozesses.
- Operationsforschung ist eine Aufgabe der Entscheidungseinheit – im sozialistischen Landwirtschaftsbetrieb also des Leitungskollektivs –, die an eine Gruppe von Spezialisten zur Lösung übergeben werden kann. Sie muß in engster Verbindung mit Praktikern durchgeführt werden.

1.3. Notwendigkeit der Operationsforschung

Die Notwendigkeit zur Operationsforschung innerhalb sozialistischer Landwirtschaftsbetriebe, Kooperationsgemeinschaften und -verbänden sowie in der Landwirtschaft überhaupt ergibt sich aus

- der ständig steigenden Konzentration von Produktivkräften und den damit verbundenen enormen ökonomischen, sozialen und psychologischen Auswirkungen wirtschaftlicher Entscheidungen;
- dem wachsenden Anteil der vergegenständlichten Arbeit an den Gesamtaufwendungen in der Landwirtschaft, wodurch die Bedeutung der Ökonomisierung vergegenständlichter Arbeit ständig zunimmt;
- der raschen Entwicklung der Produktivkräfte auf allen Gebieten des gesellschaftlichen Lebens sowie der ständigen Veränderung der Bedingungen des Reproduktionsprozesses und der damit abnehmenden Bedeutung vieler Erfahrungen für die Entscheidungsfindung;
- der gesellschaftlichen Arbeitsteilung, die zur relativen Verselbständigung von Produktionsprozessen, aber auf einer höheren Entwicklungsstufe zur Wiedervereinigung der relativ verselbständigten Produktionen führt (wachsende Verflechtung der Landwirtschaft mit anderen Volkswirtschaftszweigen).

1.4. Vorteile der Anwendung mathematischer Methoden und Modelle

Hier sollen lediglich die allgemeinen Vorteile der Anwendung mathematischer Methoden und Modelle zur Entscheidungsvorbereitung genannt werden:

- Durchschaubarmachen und Lösung komplizierter Entscheidungsprobleme;
- leichte Ausarbeitung vieler Entscheidungsvarianten;
- Auswahl der unter gegebenen Bedingungen nach bestimmten Kriterien optimalen Variante;
- bei einigen Methoden: gleichzeitig Berechnung des Einflusses der Änderung von Bedingungen des Problems auf das Berechnungsergebnis;
- Einsatz elektronischer Datenverarbeitungsanlagen (Abschaffung ermüdender Routinearbeiten);
- Verkürzung der Zeit zur Befriedigung eines Informationsbedürfnisses;
- Erhöhung des Aussagewertes der berechneten Kennzahlen;
- Verminderung der Fehlerwahrscheinlichkeit sowohl im Hinblick auf arithmetische Fehler als auch auf Fehler in der Bewertung;
- Erhöhung der Arbeitsproduktivität in der Planung und Produktion.

Diese Vorteile zeigen sich nicht bei der Analyse und Lösung eines jeden Entscheidungsproblems. Es muß deshalb stets abgewogen werden, ob überhaupt und in welchem Umfang bei der Vorbereitung einer konkreten Entscheidung Methoden der Operationsforschung zur Anwendung kommen. Das heißt, die anzuwendenden Methoden müssen in ihrer Kompliziertheit den zu lösenden Entscheidungsproblemen angepaßt sein. Es ist in der Praxis sinnlos, anspruchsvolle und daher auch teure Methoden zur Vorbereitung von Entscheidungen zu verwenden, wenn die anstehenden Entscheidungsprobleme so durchsichtig sind, daß deren Lösung nur Bleistift, Papier und einen klaren Kopf erfordert.

1.5. Datenverarbeitung und Operationsforschung

Die sich vor unseren Augen vollziehende wissenschaftlich-technische Revolution ist gekennzeichnet durch Automatisierung der Produktions-, aber auch der Planungs- und Leitungsprozesse. Das Hauptwerkzeug der Automatisierung dieser verschiedenen Bereiche sind die elektronischen Datenverarbeitungsanlagen, d. h. elektronische Rechenautomaten.

Zur Automatisierung von Planungs- und Leitungsprozessen sind sehr komplizierte Berechnungen erforderlich. In den zukünftigen Datenverarbeitungsprojekten wird deshalb einerseits die Verarbeitung einer Vielzahl von Daten mit einfachen Rechnungen (Datenverarbeitung im engeren Sinne) und die Anwendung von Methoden der Operationsforschung (Verflechtungsbilanz, Optimierungsrechnung) verknüpft werden. Andererseits sind zur numerischen Lösung der im Rahmen der Operationsforschung entwickelten Modelle elektronische Datenverarbeitungsanlagen einzusetzen. Die Einführung der Datenverarbeitung und die Anwendung von Operationsforschung bilden deshalb in der Praxis eine Einheit, obwohl sich die Begriffsinhalte nicht decken. Die Ziele der elektronischen Datenverarbeitung und der Operationsforschung sind nur bei gemeinsamer Anwendung zu erreichen.

2. Arbeitsstufen bei Operationsforschung

Die Arbeitsmethode der Operationsforschung (vgl. Abschn. 1.1.) läßt sich in folgende Stufen gliedern:
- Formulierung des Problems,
- Problem- oder Systemanalyse,
- Entwicklung eines Modells,
- Ableitung einer Lösung aus dem Modell,
- Überprüfung des Modells,
- Überwachung und Anpassung der Lösung sowie
- Erarbeitung der Realisierungsstrategie.

2.1. Die Formulierung des Problems

Das anstehende Problem muß als erstes vom Auftraggeber, beispielsweise vom Leitungskollektiv des sozialistischen Landwirtschaftsbetriebes, formuliert werden. Hierbei sind zu fixieren:
- die Aufgabenstellung der Untersuchung, d. h. die Stellung der richtigen Frage in klarer Form;
- die Abgrenzung des zu untersuchenden Systems, d. h., es muß abgeschätzt werden, auf welche Elemente die zu treffende Entscheidung Einfluß hat;
- die Randbedingungen des Problems;
- die Kriterien zum Vergleich der verschiedenen Handlungsvarianten sowie
- die Maße und Maßstäbe, mit denen die Wirksamkeit der Varianten zu erfassen und zu messen ist.

2.2. Die Problem- oder Systemanalyse

Die Problemanalyse ist eine auf die Lösung des gestellten Problems gerichtete Analyse des Systems, in dem die Entscheidung getroffen werden soll. Es ist zu untersuchen, welche Verbindungen zwischen den einzelnen Elementen des gesamten Systems bestehen und welche Elemente des Systems durch eine bestimmte Entscheidung beeinflußt werden, d. h., die vom Auftraggeber formulierte Aufgabenstellung ist zu überprüfen. Außerdem sind die Handlungsalternativen aller durch die Entscheidung beeinflußten Elemente des Systems neu zu „bestimmen". Dabei ist es häufig nicht notwendig, daß die manchmal (im mathematischen Sinne) unendlich vielen Handlungsalternativen beschrieben werden. Oft genügt die Formulierung der Randbedingungen, innerhalb deren sich unendlich viele

Handlungsalternativen ergeben. Diese Vereinfachung ergibt sich beispielsweise bei Anwendung der linearen Optimierung zur Lösung eines bestimmten Mischungsproblems. Im einzelnen sind zu bestimmen:

- die Elemente, die innerhalb des Systems von der Entscheidung beeinflußt werden,
- die Einflüsse anderer Bereiche auf die Problembehandlung,
- die Relationen zwischen den Elementen des Systems,
- der Umfang der erreichbaren Information im Verhältnis zur notwendigen Information,
- die Sicherheit der Information (evtl. Angabe von statistischen Sicherheiten, Standardabweichungen usw.),
- die Quantifizierung der als wesentlich erachteten Faktoren und
- die Frequenz des zu untersuchenden Problems (wie oft treten Wechsel ein, bzw. wie lange wird eine Lösung Geltung besitzen).

Nach Abschluß dieser Arbeitsstufe wird oft entschieden werden können, ob die Weiterarbeit überhaupt lohnt, d. h., ob die Sicherheit der Daten als genügend angesehen wird, ob sie genügend quantifizierbar sind und ob die Frequenz des Problems eine weitere Behandlung wirtschaftlich vertretbar erscheinen läßt.

2.3. *Die Formulierung eines Modells*

Die Formulierung von mathematischen Modellen ist ein wesentliches Merkmal der Operationsforschung. Diese Modelle können erst formuliert werden, wenn die Problem- oder Systemanalyse abgeschlossen ist.

2.3.1. Die Modellmethode

Ein Modell ist eine Abbildung von Objekten, Eigenschaften oder Relationen eines bestimmten Bereichs der objektiven Realität auf einfachere, übersichtlichere materielle Strukturen desselben oder eines anderen Bereichs. Die Modelle der Operationsforschung sind darüber hinaus Erkenntnismittel. Ihre Anwendung ist die Realisierung der Modellmethode, mit der Informationen über das Original nicht direkt aus der Untersuchung des Originals (z. B. produzierende Einheit), sondern aus der Analyse der Abbildung des Originals, aus der Analyse des Modells abgeleitet werden (WÜSTNECK, 1966). Die Modellmethode gründet sich auf die wissenschaftliche Berechtigung von Analogieschlüssen (KLAUS und BUHR, 1965). Zum Wesen der Modellmethode gehören deshalb drei Elemente:

- das Subjekt, das das Modell für seine Zwecke entwirft und mit dem Modell arbeitet;
- das Original, über das das Subjekt mit Hilfe des Modells Informationen zu gewinnen sucht;
- das Modell, das auf Grund wesentlicher gemeinsamer Eigenschaften mit dem Original dem Subjekt Informationen über das Original zu liefern vermag (MAIER, 1968, S. 202).

Das entscheidende Element der Modellmethode ist das Subjekt, das über das Modell und seine Analogierelation zum Original urteilen kann. Denn eine notwendige Bedingung der Analogie zwischen Modell und Original ist ihre Übereinstimmung in bestimmten für das Subjekt wesentlichen Eigenschaften.

2.3.2. Wesentliche Bedingungen von Modellen der Operationsforschung

Die ökonomisch-mathematischen Modelle müssen als erstes jene Bedingungen erfüllen, die an ein jedes Modell zu stellen sind (KLAUS und BUHR, 1965, S. 359).

Die Leistungsfähigkeit eines Modells hängt ab von
- der Stärke der Analogie zwischen Modell und Original sowie
- den Möglichkeiten, die das Modellsubstrat für die Informationsgewinnung des Subjekts bietet.

Hat das Modell nur Analogieeigenschaften hinsichtlich einzelner Seiten des Originals, so kann seine Funktion lediglich in der Informationsgewinnung für das Subjekt über einzelne Teilbereiche des Originals bestehen. Dies ist vor allem die Aufgabe von Analyse- und Erklärungsmodellen. Ein solches Modell kann nach MAIER (1968) nur dann zu einem Entscheidungsmodell werden, wenn
- durch Verstärkung der Analogieeigenschaften des Modells das Problem der wechselseitigen Zuordnung von Handlungsalternativen und Entscheidungsresultaten in bezug auf das Original mit Hilfe des Modells zu lösen ist und
- die Analogieeigenschaften des Modells einen solchen Grad der Informiertheit des Subjekts über das Original gewährleisten, daß es die Ergebnisse seines Handelns gegenüber dem Original vorauszuschauen imstande ist.

Mit Modellen der Operationsforschung soll aber außerdem möglichst eine optimale Lösung, eine optimale Variante beispielsweise der wirtschaftlichen Entwicklung berechnet werden können. Deshalb kann ein Modell zur Entscheidungsvorbereitung bei Erfüllung aller bisher genannten Bedingungen nur unter zwei weiteren Bedingungen dienen:
- das Modell muß entweder gestatten, mehrere mögliche Varianten zu ermitteln, oder
- die Berechnung des Modells muß gleichzeitig zur Auswahl einer optimalen Variante aus einer großen Anzahl möglicher Varianten führen.

Sind diese Bedingungen erfüllt, so erlaubt uns die Modellmethode, auch in der Ökonomie im großen Maßstab zu experimentieren.

Aus der allgemeinen Definition des Modells, seiner erkenntnistheoretischen Funktion und aus dem Wesen der Modellmethode sind die Voraussetzungen zur Formulierung eines Modells ersichtlich:

Die Schaffung des Modells durch das Subjekt setzt die Kenntnis wesentlicher Seiten des Originals voraus. Das Subjekt muß bereits Informationen über die der Existenz des Originals zugrunde liegenden Gesetzeszusammenhänge sowie über die politischen Zielstellungen besitzen. Aber außerdem muß es auch über die wesentlichen Seiten des Modells eine Vortellung haben, denn sonst kann von ihm keine Analogierelation zwischen Modell und Original hergestellt bzw. über diese kein Urteil gefällt werden. Die Kenntnis der ökonomischen Gesetzmäßigkeiten und der politischen Zielstellungen ist also eine Voraussetzung zur Formulierung ökonomisch-mathematischer Modelle, deren Aufgabe wiederum darin besteht, den Grad der Informiertheit des Subjekts über die Zusammenhänge des Originals zu erhöhen.

2.3.3. Die Einordnung des Modells in den Entscheidungsprozeß

Die Berechnung des Modells soll einerseits Informationen liefern, die zur Vorbereitung einer Entscheidung dienen können. Die Anwendung der Modellmethode führt jedoch andererseits zu Entscheidungssituationen, die nicht mit mathematischen Methoden zu lösen sind. Im Rahmen der Arbeitsmethode der Operationsforschung sind u. a. bei Anwendung der Modellmethode Entscheidungen zu fällen über

- das Zielkriterium, an Hand dessen die alternativen Varianten verglichen werden;
- das Maß zur Erfassung und den Maßstab zum Messen der Wirksamkeit der verschiedenen Varianten (vgl. Abschn. 3.1.);
- den notwendigen Grad der Analogie zwischen Modell und Original;
- die in das Modell aufzunehmenden Elemente und Relationen;
- die Grundstruktur des zu wählenden Modells.

All diese Entscheidungen sind nicht mit mathematischen Methoden und Modellen vorzubereiten. Sie können nur auf der Grundlage theoretischer Aussagen über das abzubildende Original bei Kenntnis möglicher Modellstrukturen getroffen werden. Diese Entscheidungen beeinflussen selbstverständlich in großem Maße das Modellergebnis. Hieran wird deutlich, welche verantwortungsvolle Aufgabe die Operationsforschungsgruppe zu leisten hat.

In linearen Optimierungsmodellen können nur quantifizierbare, funktionale Zusammenhänge erfaßt werden, und da die Rechen- und Speicherkapazität der Rechenautomaten begrenzt ist, sind auch nur die wesentlichsten dieser Zusammenhänge zu berücksichtigen. Vor Aufstellung von Modellen ist deshalb zu analysieren bzw. zu entscheiden:

- welche Elemente und Relationen zu quantifizieren und
- welche der quantifizierbaren Elemente und Relationen für das zu lösende Problem wesentlich sind.

Aus den verschiedensten Gründen kann bei der endgültigen Entscheidungsfindung nicht nur das Modellergebnis berücksichtigt werden. Diese Gründe können beim gegenwärtigen Entwicklungsstand der Operationsforschung sein:

- Die Prämissen des Modells stimmen nicht mit den theoretischen Aussagen über das Original überein.
- Im Modell wurden nur die wesentlichen, quantifizierbaren Elemente und Relationen erfaßt. Die nicht als wesentlich erachteten quantifizierbaren und wesentlichen sowie unwesentlichen, nicht quantifizierbaren Zusammenhänge bleiben außer acht.

- Die im Original gegebene Zielstellung ist nicht in allen Fällen eindeutig definierbar.

Aus diesen Zusammenhängen wird ersichtlich, daß

- zur Vorbereitung einer bestimmten Entscheidung, beispielsweise über die wirtschaftliche Entwicklung einer produzierenden Einheit, bei Anwendung der Modellmethode viele andere Entscheidungen im Rahmen der Arbeitsmethode der Operationsforschung zu fällen sind und
- auch nach Berechnung einer sogenannten optimalen Variante noch nicht in allen Fällen die Entscheidungsvariante vorgegeben ist.

Hieraus ergibt sich die Funktion des Modells im Entscheidungsprozeß: Das Modell soll so weit wie möglich die komplexe Wirkung von vielen Faktoren sichtbar machen und dabei die Ziele der Operationsforschung erfüllen helfen. Faktoren, die nicht im Modell berücksichtigt werden konnten, aber trotzdem aus Erfahrung einen Einfluß auf die Gestaltung des Originals ausüben, müssen selbstverständlich bei der endgültigen Entscheidung Berücksichtigung finden.

2.4. *Die Ableitung einer Lösung*

Die Ableitung einer Lösung aus dem Modell kann auf zwei Wegen geschehen: Es sind die analytische und die numerische Lösung eines Modells zu unterscheiden. Die analytische Methode bedient sich der mathematischen Herleitung. Die Lösung erhält man in allgemeiner Form: Die Symbole werden erst nach Ermittlung der Lösung durch Zahlen ersetzt. Das hat den Vorteil der größeren Allgemeingültigkeit. Die numerischen Verfahren sind Probier- oder Iterationsverfahren. Bei den Probierverfahren werden für die Variablen (Veränderlichen) des Modells verschiedene Werte eingesetzt und die so erhaltenen Ergebnisse miteinander verglichen; das beste Ergebnis wird ausgewählt. Iterationsverfahren (beispielsweise die Lösungsmethoden der linearen Optimierung) sind Verfahren, bei denen sich die Lösung durch aufeinanderfolgende Rechenschritte stets verbessert, bis schließlich eine optimale Lösung ermittelt ist. Nach bestimmten Kriterien kann entschieden werden, ob die Lösung optimal ist oder nicht.

Zu dieser Arbeitsstufe gehört auch die rechentechnische Bearbeitung des Problems: Für die evtl. neu zu entwickelnden Lösungsmethoden müssen Rechenprogramme erarbeitet werden.

Als Ergebnis dieser Arbeitsstufen sind Angaben erforderlich über:

- die vorzuschlagenden Maßnahmen,
- die Wirkung dieser Maßnahmen auf den vom Modell erfaßten Bereich und eventuelle Nebenbereiche,
- die Sicherheit der zu erwartenden Lösung, d. h. die in der Lösung eingeschlossenen Risiken,
- die zwar vorhandenen, aber nicht im Modell erfaßten Elemente und Relationen.

2.5. Die Überprüfung des Modells und der Lösung

Die Überprüfung eines Modells ist z. Z. eines der schwerwiegendsten methodischen Probleme der Operationsforschung. Es soll nachgewiesen (verifiziert) werden, ob das Modell richtig ist. Die Überprüfung des Modells kann auf zwei Wegen geschehen:
- Teile des Modells werden der Realität gegenübergestellt (logische Verifikation), oder
- die berechneten Ergebnisse werden mit der Realität verglichen (empirische Verifikation).

Der zweite Weg scheidet bei der Prüfung vieler Entscheidungsmodelle aus, da zur Zeit oder kurz nach der Entscheidungsfindung die Auswirkungen der zu treffenden Entscheidung nicht am Original gemessen werden können. Er ist nur gangbar bei der Vorbereitung von Entscheidungen, deren Auswirkungen zeitlich nicht allzufern vom Zeitpunkt der Entscheidungsfällung gemessen werden können und die sich häufig wiederholen (z. B. Futtermischungsmodelle). Bei der Gegenüberstellung von Teilen des Modells mit dem Original werden vor allem die gestellten Prämissen des Modells bezüglich der Eigenschaften der Elemente und Relation des abgebildeten Systems überprüft und deren Einfluß auf die Lösung des Modells eingeschätzt. Die allgemeinen und speziellen Prämissen des verwendeten Modells sollten als Übersicht für die endgültige Entscheidungsfindung zusammengestellt werden. Das erscheint vor allem dann erforderlich zu sein, wenn die Entscheidungseinheit das verwendete Modell nicht durchschaut.

Die Frage nach der Brauchbarkeit eines Modells geht am Kern des Problems der Verifizierung vorbei, weil sich die Operationsforschung bedeutend höhere Ziele stellt als die Entwicklung von Modellen, deren Lösungen realisierbar sind: Aus der Menge der realisierbaren Varianten (Lösungen) soll die optimale ausgewählt werden. Die Schwierigkeiten der Verifizierung ergeben sich hauptsächlich aus dieser hohen Zielstellung. Es muß deshalb gezeigt werden, daß die mit dem Modell als optimal ausgewiesene Variante realisierbar (das Modell also brauchbar) und für das Original tatsächlich eine optimale Variante ist. Das heißt aber, die optimale Variante muß nicht nur besser sein als die bisherige Lösung (sofern beide nicht identisch sind), sondern besser als alle anderen realisierbaren Varianten.

2.6. Die Überwachung und Anpassung der Lösung

Die aus einem Modell abgeleitete Lösung ist nur so lange optimal, wie die nicht im Modell dargestellten Elemente und Relationen des Systems und die Koeffizienten (Parameter, Kennzahlen) des Modells konstant bleiben. Ändern sich die nicht im Modell erfaßten Elemente und Relationen des Systems und die im Modell dargestellten Koeffizienten, so ist eine andere Lösung optimal, das Modell muß abgeändert werden. Deshalb ist eine ständige Überwachung und eventuelle Anpassung der Lösung an die sich verändernden Bedingungen erforderlich. Bei Anwendung linearer Optimierungsmodelle kann beispielsweise mit Hilfe der parametrischen Optimierung die funktionale Abhängigkeit der Lösung von Koeffizientenänderungen bestimmt werden.

2.7. Die Erarbeitung der Realisierungsstrategie

Die Operationsforschung stellt sich nicht nur die Ermittlung von Varianten zur Entscheidungsvorbereitung zum Ziel, sondern auch die zweckmäßige Verwirklichung jener Variante, für die sich die Entscheidungseinheit endgültig entschieden hat. Es ist die zweckmäßigste Strategie zur Realisierung der Entscheidungsvariante zu erarbeiten.

3. Die Aufgabe der Ökonomen bei Operationsforschung

Aus dem bisher Gesagten lassen sich die Aufgaben der Ökonomen, die in einem Operationsforschungskollektiv arbeiten, und der Führungskader, die schließlich die Entscheidung zu fällen haben, ableiten. Aus diesen Aufgaben ergeben sich dann die Mindestforderungen in der Ausbildung dieser verschiedenen Kader auf dem Gebiet der Operationsforschung.

3.1. Aufgaben des Auftraggebers

Der Auftraggeber hat zwei prinzipiell verschiedene Aufgaben. Er muß

- das Problem formulieren und dabei die Kriterien, Maße und Maßstäbe nennen, mit denen die Wirksamkeit der Entscheidungsalternativen zu vergleichen, zu erfassen und zu messen ist, sowie
- mit der Lösung eines Modells arbeiten.

Diese zweite Aufgabe ergibt sich zwangsläufig aus der Funktion des Modells, Informationen über das Original zu liefern, und der Funktion der Führungskader, die Entscheidung zu fällen. Wenn die Modellergebnisse als Grundlage von Entscheidungen dienen sollen, müssen die Führungskader diese Ergebnisse einschätzen können. Das setzt aber voraus, daß sie mindestens das Wesen der Modellmethode, der Lösungsverfahren und der Auswertungstechniken sowie die Prämissen des konkreten Entscheidungsmodells kennen, mit denen die Ergebnisse gewonnen wurden. Bei jenen Modellen und Lösungsverfahren, die außer einer optimalen Variante auch die Einflüsse sich ändernder Parameter auf diese optimale Variante liefern, wie z. B. die lineare Optimierung, müssen die Führungskader die Technik zur Veränderung der optimalen Lösung beherrschen.

Die Ausbildung von Diplomingenieuren für Pflanzen- und Tierproduktion muß deshalb mindestens einschließen:

- die Grundlagen der Kybernetik (zum Verständnis der Modellmethode und der Systemanalyse),
- die Modelltheorie,
- die Standardmodelle der Operationsforschung (insbesondere ihre Prämissen),
- die wichtigsten Lösungsverfahren und
- die Auswertungstechniken (das Arbeiten mit Substitutionsraten und objektiv bedingten Bewertungen sowie mit Stabilitätstests, die Berechnung von objektiv bedingten Bewertungen für technische und technologische Begrenzungskoeffizienten u. a.).

3.2. Aufgaben des Ökonomen im Operationsforschungskollektiv

Die Anforderungen an einen Ökonomen, der in einem Operationsforschungskollektiv arbeitet, gehen über die Anforderungen an die Führungskader in methodischer Hinsicht weit hinaus. Für einen solchen Ökonomen genügt es nicht, die wesentlichsten Standardmodelle und Lösungsverfahren zu kennen. Seine wichtigsten Aufgaben sind die Systemanalyse und die Abbildung der in der Systemanalyse gefundenen Problemstruktur auf eine formale Modellstruktur. Dabei ist zu fordern, daß zwischen der Problem- und Modellstruktur weitgehend Isomorphie besteht. Dieser Ökonom ist das Subjekt, das über das Modell und seine Analogierelation zum Original urteilt. Dieses Subjekt kann auch dann kein Mathematiker sein, wenn im Mathematikstudium verstärkt Ökonomie gelehrt wird. Um über die Analogierelation urteilen zu können, muß man die wesentlichen sowie Gesetzeszusammenhänge des Originals und die konkreten Modellstrukturen kennen. Außerdem muß man verstehen, die wirtschaftspolitische Zielstellung der gesamten Volkswirtschaft auf das zu lösende Entscheidungsproblem richtig zu beziehen. Allein mit der Beherrschung des mathematischen Instrumentariums ohne eingehende Kenntnis der ökonomischen Theorie ist für die praktische Behandlung eines Operationsforschungsproblems nichts gewonnen. Grundlegende und spezielle Kenntnisse über die ökonomischen und technologischen Zusammenhänge sind außerdem Voraussetzung, um überhaupt ein zur Entscheidung anstehendes Problem in seiner Struktur richtig zu erkennen.

Ob für eine gegebene Problemstruktur eine praktikable Modellstruktur gefunden werden kann, hängt nicht zuletzt davon ab, ob ein geeignetes Lösungsverfahren zur Verfügung steht. Ein Entscheidungsmodell zu bilden, für das kein Lösungsverfahren existiert, ist in der Praxis häufig sinnlos.

Die analytische oder numerische Lösung von Modellen, für die kein bekanntes Lösungsverfahren verwendet werden kann, ist die Hauptaufgabe der Mathematiker im Operationsforschungskollektiv. Die Mathematiker können die Ökonomen außerdem bei der Modellbildung unterstützen. Das ist vor allem dann erforderlich, wenn die Problemstruktur nicht mit einer hinreichenden Isomorphie durch die Struktur eines bekannten Standardmodells abgebildet werden kann. Die Ökonomen eines Operationsforschungskollektivs sollten aber mindestens solche mathematischen Kenntnisse besitzen, daß sie auf der Grundlage der bekannten Standardmodelle selbständig konkrete ökonomisch-mathematische Modelle formulieren können. Sofern ein Mathematiker eine Problemstruktur in einem grundsätzlich neuen Modell widerspiegelt, kommt es für die Ökonomen darauf an, die abgebildeten Zusammenhänge gründlich zu begreifen, um im konkreten Fall die Analogierelation beurteilen zu können.

Die Überprüfung des Modells, die Überwachung und Anpassung der Lösung sowie die Ermittlung der Strategien zur zweckmäßigsten Verwirklichung der Variante, für die sich die Entscheidungseinheit endgültig entschieden hat, ist ebenfalls Aufgabe des Ökonomen und nicht des Mathematikers.

In der Ausbildung der Spezialisten für die Operationsforschung müssen auf Grund der dargelegten Zusammenhänge die Problem- oder Systemanalyse (Kybernetik) und die mathematische Beschreibung bzw. Modellierung ökonomischer und technologischer Sachverhalte im Vordergrund stehen. Selbstverständlich müssen diesen Spezialisten hinreichende Kenntnisse über die mathematischen Zusammenhänge der einzelnen Verfahren vermittelt werden. Das Beherrschen des bekannten Lösungsverfahrens sollte aber weniger als Ziel der Ausbildung gesehen werden, es ist Voraussetzung zur Erfüllung der oben genannten Hauptaufgaben.

4. Spezielle Aufgaben und Methoden der Operationsforschung

4.1. Operationsforschungsaufgaben

Bei Anwendung ökonomisch-mathematischer Methoden wurde in den vergangenen Jahren häufig nicht in erster Linie von einem zu lösenden Problem der Entscheidungsvorbereitung, sondern von einem bestimmten Modell ausgegangen. Es sollte gezeigt werden, daß und wie man mathematische Methoden in der Ökonomie anwenden kann. Die auf dem Gebiet der Anwendung mathematischer Methoden in der Agrarökonomie publizierten Arbeiten haben vor allem rezeptiven Charakter. Die kleine Forschungskapazität war zu sehr mit der Auswertung ausländischer Literatur und der Übertragung der im Ausland gesammelten Erfahrungen auf unsere speziellen Verhältnisse beschäftigt. Diese Situation muß so schnell wie möglich überwunden werden. Zukünftig ist bei der Operationsforschung verstärkt von den gestellten Entscheidungsproblemen und vom Systemcharakter der zu planenden und zu leitenden Prozesse auszugehen.

In den führenden Ländern werden mit Operationsforschung in der Landwirtschaft vor allem folgende Probleme zu lösen versucht:

- die optimale Spezialisierung landwirtschaftlicher Produktionseinheiten und damit Probleme der Perspektivplanung produzierender Einheiten;
- die standortgerechte Verteilung der Produktion;
- die optimale Verteilung von Produktivkräften auf verschiedene Standorte;

- die optimale Aufwandshöhe (z. B. im Hinblick auf das Gewinnmaximum) von unbegrenzt und begrenzt verfügbaren Produktivkräften);
- optimale Aufwandszusammensetzung (z. B. im Hinblick auf die Minimalkosten) bei vorgegebener Produktenmenge;
- Optimierung von Losgrößen und Bestimmung optimaler Verfahrensvarianten;
- Optimierung der Futterwirtschaft (Produktion und Konsumtion des Futters);
- Ermittlung der Reihenfolge, der Art, des Umfangs und des Ortes sowie der Finanzierung der Investitionen bei vorgegebener Zielstellung;
- Bestimmung der minimalen Transportkosten bzw. -entfernungen für den inner- und zwischenbetrieblichen Transport;
- Ermittlung des optimalen Standortes transportabhängiger Projekte;
- Standortauswahl von Lagerkapazitäten und Verarbeitungsanlagen;
- Ermittlung des zweckmäßigsten Umfangs der Lagerhaltung bei der Anlage von Reserven aller Art (Futtermittel, Ersatzteile u. a.) im Hinblick auf minimale Kosten der Produktion und Lagerhaltung;
- optimaler Ersatz veralteter Produktionsmittel;
- Ermittlung des optimalen Maschinenbesatzes und -einsatzes.

4.2. Methoden der Operationsforschung

Bei der Entscheidungsvorbereitung treten immer wieder bestimmte Probleme auf, die sich stark ähneln. Zu ihrer Lösung konnten deshalb verschiedene Standardmethoden entwickelt werden, und zwar:
- Produktions- und Kostenfunktionsanalyse,
- Optimierungsrechnungen,
- Verflechtungsbilanzierung,
- Netzplantechnik und
- Simulationstechnik.

Es wurden hier nur die wichtigsten Standardmethoden genannt, die zur Zeit in der agrarwissenschaftlichen Forschung und in der landwirtschaftlichen Praxis anzuwenden sind. Im Rahmen dieses Beitrages können diese Methoden nicht eingehend dargestellt werden. Die Möglichkeiten der praktischen Nutzanwendung der Operationsforschung hängen aber direkt von den schon entwickelten Methoden, insbesondere von ihren Prämissen, ab. Deshalb werden im folgenden – lediglich von den ersten drei Methoden – vor allem die wichtigsten Aufgaben genannt, die mit den einzelnen Methoden zu lösen sind, und die Prämissen aufgezählt, die dabei gesetzt werden.

4.2.1. Die Produktionsfunktionsanalyse

Da die Kostenfunktion unter gewissen Voraussetzungen als Umkehrung der Produktionsfunktion aufgefaßt werden kann (vgl. KEHRBERG und REISCH, 1964), wird auf die Kostenfunktion nicht gesondert eingegangen.

Die Produktionsfunktionsanalyse kann u. a. zur Lösung folgender Aufgaben herangezogen werden:

- Ermittlung des optimalen Aufwandes, insbesondere an Umlaufmitteln bei der Erzeugung eines bestimmten Produktes (SCHADEREIT, 1967);
- Bestimmung der optimalen Aufwandszusammensetzung (PAASCH, 1958; RUTHENBERG, 1958);
- Berechnung der optimalen Verteilung begrenzt verfügbarer Umlaufmittel auf verschiedene Produktionsprozesse (BADEWITZ, 1968 b);
- Ermittlung der optimalen Kombination verschiedener Umlaufmittel bei vorgegebener Menge an Finanzmitteln zu ihrer Anschaffung (PAASCH, 1958; BADEWITZ, 1968 b);
- Bestimmung der Produktions- und Substitutionselastizität;
- Ermittlung der Effektivität zusätzlicher Aufwendungen in verschiedenen Produktionsprozessen sowie der Substitutionsraten zwischen verschiedenen Produktivkräften (ANDERS und BANNORTH, 1968);
- Abschätzung der Entwicklung der Arbeitsproduktivität innerhalb bestimmter Produktionsbereiche (BEHR und BRÜNECKE, 1965).

Die Methoden zur Analyse der Produktionsfunktionsanalyse unterstellen ein deterministisches und häufig ein statisches Modell. Weitere wesentliche Unterstellungen sind:

- unbegrenzte Teilbarkeit der Produktionsfaktoren und erzeugten Produkte;
- beliebige Kombinierbarkeit der Produktionsfaktoren;
- häufig eine Unabhängigkeit des Einsatzumfanges der Fixfaktoren vom Aufwand an Planfaktoren und
- funktionale Zusammenhänge (WEINSCHENCK, 1957).

Bei der Aufstellung der Produktionsfunktionen nach der Methode der kleinsten Quadratsummen gelten außerdem die bei jeder Regressionsanalyse gesetzten Annahmen (vgl. WEBER, 1967, S. 328).

Die Anwendung der Produktionsfunktionsanalyse wird sich im mikroökonomischen Bereich vor allem konzentrieren auf die Auswertung und Interpretation von Ergebnissen versuchstechnisch erfaßbarer Problemstellungen. Im makroökonomischen Bereich wird die Aufgabenstellung und Analyse von Produktionsfunktionen als diagnostisches Mittel der Agrarpolitik und als Grundlage der Prognoseforschung dienen können. Für die Entscheidungsvorbereitung im mikroökonomischen Bereich wird die Produktionsfunktionsanalyse nur dann größere Bedeutung erlangen, wenn wir in verstärktem Maße standortspezifische Feldversuche mit dem Ziel anlegen und auswerten, die Auswirkungen von Intensivierungsmaßnahmen zu erfassen. Hierfür ist jedoch eine Versuchsanstellung erforderlich, die nicht nur zu beantworten erlaubt, ob eine Wirkung vorhanden ist, sondern auch, wie groß diese Auswirkungen unter fixierten Bedingungen sind (HOFFMANN und DÖRFEL, 1963).

4.2.2. Optimierungsrechnungen

Von den Optimierungsrechnungen haben zur Zeit die lineare parameterkonstante und die lineare parametrische Optimierung die größte Bedeutung. Die Optimierungsrechnung kann zur Lösung der meisten obengenannten (Abschn. 4.1.) Probleme eingesetzt werden. Die Forschungsarbeiten zur Anwendung mathematischer Methoden konzentrierten sich in unserer Republik auf die Bearbeitung von Problemen des Gesamtbetriebes oder wesentlicher Teile derselben mit Hilfe dieser beiden Optimierungsrechnungen.

Das lineare Optimierungsmodell ist charakterisiert durch
- ein System von Gleichungen und Ungleichungen,
- eine Zielfunktion,
- einen Restriktionsvektor,
- Aktivitäten (Spalten der Ausgangs-Simplextabelle) und
- Nichtnegativitätsbedingungen.

Das lineare Optimierungsmodell ist ein lineares, statisches und deterministisches Modell, das zur Lösung von Mischungsproblemen unter Sicherheit geeignet ist. Das heißt bei der linearen Optimierung werden unterstellt:
- lineare Beziehungen zwischen den Elementen des Systems (lineare Funktionen);
- determinierte Parameter des Systems; die Größen des Problems müssen als bestimmte Werte und nicht als statistische Verteilungen vorhanden sein – die Ergebnisse des ökonomischen Handelns treffen mit Sicherheit ein;
- statische Betrachtungsweise, das Modell muß sich auf eine Zeitspanne beziehen.

Weitere wichtige Voraussetzungen dieses Modells sind:
- Addierbarkeit der Aktivitäten (z. B. der Produktionsprozesse in der Beanspruchung begrenzt verfügbarer Produktivkräfte und im Ertrag);
- Unabhängigkeit der Aktivitäten voneinander in dem Sinne, daß keine Wechselwirkungen, sondern ausschließlich alternative Beziehungen existieren;
- beliebige Teilbarkeit der vorgegebenen begrenzt verfügbaren Produktionsfaktoren und der Aktivitäten;
- begrenzte Anzahl von Aktivitäten (die Rechenhilfsmittel müssen eine Lösung ermöglichen);
- die Anzahl der Lösungsaktivitäten ist maximal so groß wie die Anzahl der Bedingungen.

Außerdem muß das Modell folgende Eigenschaften besitzen:
- es müssen mehrere Lösungen und davon
- eine optimale Lösung

möglich sein.

Die Voraussetzung der Unabhängigkeit der Aktivitäten voneinander kann heute nicht mehr im Sinne der Unabhängigkeit der Produktionsverfahren voneinander interpretiert werden. In den letzten Jahren wurden große Anstrengungen unternommen, diese Voraussetzung durch modelltheoretische Arbeiten abzubauen (vgl. ZAPF, 1965; BADEWITZ, 1968 a). Folgende Teiloptima des landwirtschaftlichen Produktionsprozesses können mit einem linearen Optimierungsmodell unter Beachtung der genannten Voraussetzungen gleichzeitig ermittelt werden:

- optimale Aufwandszusammensetzung in den Zweigen,
- optimale Aufwandshöhe in den Zweigen,
- optimale Kombination der Produktionsverfahren bzw. Zweige und
- optimale Verteilung der Produktion und mobiler Produktivkräfte auf verschiedene Standorte (BADEWITZ, 1968 c).

Auf Grund der Abhängigkeit der Teiloptima voneinander sollte stets ihre simultane Ermittlung mit einem Modell angestrebt werden. Das setzt jedoch Rechenautomaten mit großem Speicherraum und großer Rechengeschwindigkeit voraus, die z. Z. in unserer Republik noch nicht in ausreichendem Maße zur Verfügung stehen.

Im linearen Optimierungsmodell können mit speziellen Formulierungen substitutionale, partielle lineare Produktionsfunktionen exakt abgebildet werden, deren technische Einheit der Einheit eines Hauptproduktionsmittels entspricht und deren absolutes Glied auch $\neq 0$ sein kann. Deshalb brauchen die Aufwandsmengen (je Einheit der Zweige) an Produktionsfaktoren, die sich in der produktiven Konsumtion oder bei der Intensivierung in Grenzen gegenseitig ersetzen (z. B. Futtermittel und Mineraldünger), nicht als Konstanten im Modell vorgegeben werden. Damit ist die konstante Input-Relation, die lange Zeit auch der linearen Optimierung als Wesensmerkmal anhaftete, durchbrochen (BADEWITZ, 1968 a).

Die Möglichkeit, im sozialistischen Wirtschaftssystem die Organisation und Leistung ökonomischer Systeme aktiv durch die Veränderung der Organisationsbedingungen zu bestimmen, weist darauf hin, daß wir nicht bei der Auswertung der Basiswerte einzelner Optimierungsmodelle, beispielsweise von Landwirtschaftsbetrieben und Kooperationsgemeinschaften, stehenbleiben können. Es kommt vielmehr darauf an, alle technischen Mittel zu nutzen, die eine funktionale Betrachtungsweise der Abhängigkeit der Optimierungsergebnisse von der Kalkulationssituation gestatten. Solche Instrumente sind: die Variationstechnik (ZAPF, 1965), die parametrische Optimierung (SCHMUNTZSCH, 1968), Stabilitätstests bezüglich der Koeffizienten (SCHNABEL, 1966) und zusätzlicher Produktionsverfahren sowie Restriktionen (BADEWITZ und WERNECKE, 1968) und die Auswertung der realen Beiträge der Nichtbasisvariablen (MEIER, 1968). Die Optimierung ist bei Nutzung dieser Möglichkeiten nicht nur ein Instrument der Anpassung der Organisation ökonomischer Systeme an die beim gegebenen Entwicklungsstand der Produktivkräfte bestehenden Organisationsbedingungen, sondern auch ein Instrument der aktiven Gestaltung des Produktionsprozesses über die bewußte Veränderung der Organisationsbedingungen.

Die oben genannten einschneidenden Voraussetzungen des Modells lenkten die Forschung schon frühzeitig auf ihren schrittweisen Abbau. Als Modifikationen des Standardverfahrens, die deshalb im letzten Jahrzehnt entwickelt wurden, können genannt werden:

- die Variationstechnik, die determinierten $b_i^{(A)}$- und $c_j^{(A)}$-Koeffizienten werden diskontinuierlich abgeändert (ZAPF, 1965; BADEWITZ, 1968 a);
- die parametrische Optimierung, die determinierten Koeffizienten werden kontinuierlich variiert – das Optimierungsergebnis wird als Funktion der technologischen bzw. ökonomischen Parameter betrachtet (SCHMUNTZSCH, 1968);
- die Optimierung mit rational gebrochenen Zielfunktionen (NOLL, 1967; MÜLLER, 1968);
- die Optimierung mit Wahrscheinlichkeitswerten (stochastische Optimierung, vgl. JOKSCH, 1962);
- die dynamische lineare Optimierung (LOFTSGARD und HEADY, 1959; CANDLER, 1960; KUBAŠ, 1967);
- die nichtlineare Optimierung (ZAPF, 1965; KÖHNE, 1966; SCHMUNTZSCH, 1968);
- die rekursive Optimierung (DAY, 1963; HEIDHUES, 1966);
- die ganzzahlige Optimierung (KRELLE, 1958);
- die 0-1-Optimierung (KÖHNE, 1966).

Außerdem ist der Stabilitätstest bezüglich der Koeffizienten und zusätzlicher Aktivitäten sowie Restriktionen zu nennen, der eine wesentliche Vertiefung der Auswertung von Optimierungsergebnissen erlaubt.

Diese Modifikationen kennzeichnen gleichzeitig die Entwicklungstendenzen in der Anwendung von Optimierungsmodellen. Sie ist gerichtet auf die Darstellung stochastischer und/oder ganzzahliger Elemente in dynamischen Systemen mit teilweise nichtlinearen Beziehungen zwischen den erfaßten Elementen. Hinzu kommt, insbesondere für die Anwendung der linearen Optimierung zur Entwicklung großer landwirtschaftlicher Produktionskomplexe, die bessere Erfassung der Transportkostenprogression bei Vergrößerung der Losgröße.

Die ersten drei genannten Modifikationen sind in der Deutschen Demokratischen Republik zu verwenden. Es liegen Programme vor. Die Programme und einige Modelle zur Anwendung der parametrischen Optimierung, der Variationstechnik und der Optimierung mit rational gebrochenen Zielfunktionen sind genügend erprobt. Die anderen Modifikationen sind vorerst Forschungsgegenstand. Die 0-1-Optimierung ist z. Z. bei Verwendung des ZRA 1 lediglich mit der Variationstechnik zu realisieren. Sie wird zur Abbildung progressiv verlaufender Produktionsfunktionen dringend benötigt (KÖHNE, 1965). Zur Anwendung der dynamischen linearen und der rekursiven Optimierung sind keine speziellen Programme erforderlich. Die hierfür notwendigen Modelle sind in unserer Republik jedoch noch nicht genügend erprobt. Obwohl im sozialistischen und kapitalistischen Ausland Beispiele mit ganzzahliger Optimierung berechnet wurden, sind bei uns bisher keine diesbezüglichen Beispielsrechnungen bekannt.

4.2.3. Verflechtungsbilanzierung

Der sinnvolle Einsatz der Verflechtungsbilanz hängt entscheidend von den bei ihrer Anwendung erforderlichen Unterstellungen ab. Es kommt bei ihrer Anwendung verstärkt darauf an, die von der Grundstruktur des Modells „diktierten“ Unterstellungen mit den tatsächlichen Eigenschaften des abzubildenden Originals zu vergleichen.

Die Verflechtungsbilanz gestattet keine Auswahl von Prozessen nach vorgegebenen Kriterien, da zur Erzeugung eines Produkts nur ein Verfahren formuliert wird und eine Werteskala (Zielfunktion) sowie Randbedingungen im Modell fehlen. Einige Autoren fassen die Input-Output-Analyse trotzdem als Spezialfall der linearen Optimierung auf, „... in which the number of products is equal the number of process“ (DORFMAN, 1953, S. 824).

Das Modell der Verflechtungsbilanz ist ebenfalls ein lineares, statisches und deterministisches Modell, das in ökonomischer Hinsicht aber außerdem gekennzeichnet ist durch

- limitationale, homogene Produktionsfunktionen oder Leontieff-Funktionen (TINTNER, 1960);
- konstante Relation der Einsatzmengen der Produktionsfaktoren zueinander innerhalb der Zweige (konstante Input-Relation, vgl. PLATT, 1957);
- konstante Relation zwischen Inputs und dem Output eines Zweiges (BADEWITZ, 1968a);
- die Tatsache, daß die Differentialnutzeffekte einzelner Produktivkräfte Null sind;
- die Produktion von einem Produkt je Produktionsstufe (STÖWE, 1959, S. 153).

Aus diesen Prämissen ergibt sich eine weitere: Ein gegebenes Endprodukt ist bei fixierten Koeffizienten des Modells nur mit einer bestimmten Struktur des Gesamtprodukts, d. h. mit einem bestimmten Produktionsprofil zu realisieren. Substitutionsbeziehungen zwischen den Produktivkräften bleiben vollkommen unbeachtet. In Verflechtungsmodellen (ohne Modifikation) können daher nicht oder nur teilweise berücksichtigt werden:

- Möglichkeiten der Selbstkostendegression. Es gibt nur Kosten, die proportional zur Ausdehnung des Zweiges steigen. Massenproduktion bringt keine Vorteile (BEHR und BRÜNECKE, 1965, S. 24 ff.).
- Die Abhängigkeit der Relation der Aufwandsarten in einem Zweig vom Produktionsumfang in diesem und in allen anderen Zweigen.
- Das Wirken der ökonomischen Gesetze. Die Aufwandshöhe und -zusammensetzung in den Zweigen wird als unabhängig vom Endprodukt und der Wirkung der ökonomischen Gesetze betrachtet.
- Die Wirkung der beschränkten Verfügbarkeit bestimmter Produktivkräfte auf die zweckmäßige Organisation des Systems (BADEWITZ, 1967; HENRICHSMEYER, 1967).

In den letzten Jahren wurden wesentliche Modifikationen dieses Modells erarbeitet bzw. an Beispielen aus der Landwirtschaft demonstriert (PETSCH, 1965; SCHUBERT, 1966; RESSEL, 1967). Diese Modifikationen beziehen sich insbesondere auf

- die Erfassung der beschränkten Verfügbarkeit von Produktivkräften im Modell DADAJAN und KOSSOW, 1964; Anonym 1966; SCHUBERT, 1966; SEYKOROVA, 1966);
- die Darstellung der Koppelproduktion (SCHUBERT, 1966; SEYKOROVA, 1966);
- die Darstellung des Verbrauchs von Material, das nicht in den Zweigen des Modells erzeugt wird, in einer sog. Aufwandsmatrix (HEYDE, 1963; RESSEL, 1967);
- die zeitliche Abgrenzung des Produktionsprozesses im Modell (PETSCH, 1965);
- die Formulierung mehrerer Produktionsverfahren zur Erzeugung eines Produkts (HEYDE, 1963; SCHUBERT, 1966);
- die Entwicklung inputbezogener Modelle (SCHUBERT, 1966);
- die Ergänzung des Modells um einen Komplex von Kennzahlen zur Effektivitätsberechnung (SCHUBERT, 1968);
- die teilweise Vorgabe des Endprodukts (JEFIMOW, 1966).

Die letzte Modifikation erlaubt es, bei einigen Produkten vom Endprodukt ausgehend das Gesamtprodukt zu bestimmen und für andere Produkte bei vorgegebenem Gesamtprodukt das Endprodukt zu ermitteln. Trotz der Anstrengungen konnten jedoch die im Hinblick auf den landwirtschaftlichen Reproduktionsprozeß nicht wirklichkeitsnahen Voraussetzungen des Modells nur geringfügig abgewandelt werden.

Die Verflechtungsbilanz wurde zur Analyse makroökonomischer Probleme entwickelt, bei der auch ihre Vorzüge zur Geltung kommen. Die sinnvolle Anwendung der Verflechtungsbilanz wird im mikroökonomischen Bereich der Landwirtschaft vor allem wegen zweier Tatsachen eingeschränkt:

- Die Wirkung der beschränkten Verfügbarkeit bestimmter Produktivkräfte auf die Auswahl der Produktionsverfahren kann bei vorgegebenem Endprodukt in einem Modell mit konstanter Relation der Koeffizienten des direkten Aufwands nicht richtig abgebildet werden.
- Bei Anwendung der Verflechtungsbilanz wird nicht berücksichtigt, daß eine Variation der Struktur des Warenprodukts ökonomischer Systeme nicht nur eine Veränderung des Produktionsprofils, sondern auch gleichzeitig eine Veränderung der Höhe und Zusammensetzung des Aufwands substitutionaler und additiv bzw. komplementär wirkender Produktivkräfte je Erzeugniseinheit bewirkt (BADEWITZ, 1968a).

Auf Grund der genannten Prämissen des Modells ist die Verflechtungsbilanz am sinnvollsten anzuwenden, wenn

- im abzubildenden ökonomischen System nur oder hauptsächlich limitationale Produktionsfunktionen existieren;
- keine oder nur wenige Produktionsfaktoren beschränkt verfügbar sind;
- das gewünschte Endprodukt eines ökonomischen Systems mit substitutionalen

Produktionsfunktionen und beschränkt verfügbaren Produktionsfaktoren nicht sehr vom bestehenden Endprodukt abweicht (SCHUBERT, 1968);
- die spezifische Wirkung verschiedener Produktivkräfte (substitutional, limitional, proportional, additiv oder komplementär) auf die Input-Relationen durch den erforderlichen hohen Aggregations- und Abstraktionsgrad der Modelle ohnehin nicht erfaßt werden kann (beispielsweise in Modellen für größere Gebiete).

Sind diese Voraussetzungen erfüllt, dann kann die Verflechtungsbilanzierung bei einem vorgegebenen Endprodukt der Ermittlung folgender Informationen dienen:
- Bedarf an Material, das von außerhalb dem untersuchten ökonomischen System zugeführt werden muß;
- Bedarf an Stufenprodukten, die im untersuchten System zu erzeugen sind;
- Struktur des Gesamtprodukts (Produktionsprofil).

Die Verflechtungsbilanz ist vor allem dort ein wertvolles Arbeitsmittel, wo ein umfangreiches Sortiment existiert und der Produktionsprozeß in viele Produktionsstufen untergliedert ist. Einige Autoren sehen einen Vorteil der Verflechtungsbilanz in der vermeintlichen Sicherung der proportionalen Entwicklung der einzelnen Zweige des untersuchten Systems (JEFIMOW, 1966, S. 31). Ein solcher Hinweis erscheint mir zumindest problematisch, da (nach Konkretisierung) unter „proportionaler Entwicklung" eine solche Entwicklung verstanden werden sollte, bei der die zum Endprodukt zählenden Gebrauchswertmengen mit minimalen Aufwendungen an gesellschaftlicher Arbeit zu erzeugen sind (KOHLMEY, 1966). Eine solche Kombination der Produktionsstufen und Zweige ist mit Verflechtungsbilanzen – wie aus den Prämissen ersichtlich – nicht zu berechnen.

Für die Jahresplanung produzierender Einheiten kann die dritte obengenannte Voraussetzung als genügend erfüllt angesehen werden. Deshalb wird z. Z. die Anwendung der Verflechtungsbilanzierung zur Jahresplanung erprobt und der Anwendung der linearen Optimierung (zum gleichen Zweck) gegenübergestellt. Dabei muß eine gute Einordnung der Verflechtungsbilanz in das gesamte Modellsystem zur Steuerung des Produktionsprozesses erreicht werden.

Da bei Anwendung der Verflechtungsbilanzierung für ein gegebenes Endprodukt von der Menge möglicher Produktionsprofile nur ein Profil ausgewiesen wird und es unbekannt bleibt, ob dieses Profil eine gute oder schlechte Variante ist, wurden schon frühzeitig Versuche unternommen, die Verflechtungsbilanz mit der linearen Optimierung zu verbinden. Hierfür gibt es vier Vorschläge:
- die Überführung von Verflechtungsmodellen in lineare Optimierungsmodelle (DADAJAN und KOSSOW, 1964);
- die vom Gesamtsystem isolierte Optimierung der Input-Relationen und die Aufnahme der „optimalen" Input-Relation in das Verflechtungsmodell (RESSEL, 1967);
- Kombination der vorangegangenen Möglichkeiten: Aufnahme „optimaler"

Input-Relationen in Verflechtungsmodelle, die wiederum in lineare Optimierungsmodelle übergeführt werden;

- Optimierung der Organisation des Gesamtsystems auf einzelnen Entwicklungsetappen (simultane Ermittlung der optimalen Aufwandshöhe und -zusammensetzung sowie des Produktionsprofils) und Aufbau von Verflechtungsbilanzen zur Jahresplanung (SEYKOROVA, 1966).

Die letzte Möglichkeit gestattet die sinnvollste Anwendung von Verflechtungsbilanzen zur Planung (BADEWITZ, 1967, S. 25–29).

In der Landwirtschaft verhalten sich viele Aufwendungen proportional zum Einsatzumfang des jeweiligen Hauptproduktionsmittels. Deshalb haben sich inputbezogene Modelle besser bewährt (SCHUBERT, 1966; SEYKOROVA, 1966). Für Planungszwecke werden in der Landwirtschaft vorerst offene, statische, partielle, inputbezogene Planverflechtungsmodelle im Naturalausdruck Anwendung finden, in denen einfache Stufenfolge, Koppelproduktion und Rückfluß zu erfassen sind.

Zusammenfassung

Ausgehend vom Gegenstand und dem Instrumentarium sowie von den wesentlichen Merkmalen der Operationsforschung und den allgemeinen Vorteilen der Anwendung mathematischer Methoden sowie Modelle, werden Anwendungsmöglichkeiten dieser Methoden und Modelle in der sozialistischen Landwirtschaft analysiert. Die Datenverarbeitung wurde dabei nur als Mittel der Operationsforschung betrachtet.

Das Wesen der Operationsforschung wird insbesondere aus der ihr eigenen Arbeitsmethode deutlich. Die Vorbereitung von Entscheidungen mit Operationsforschung unterscheidet sich vor allem durch die breite Anwendung der Modellmethode von der Entscheidungsvorbereitung in traditioneller Weise. Unter Modellmethode wird ein Verfahren der Informationsgewinnung verstanden, bei dem durch die Formulierung, Berechnung und Auswertung mathematischer Modelle Informationen über ein Original gewonnen werden. Aus den Arbeitsstufen der Operationsforschung und der Anwendung der Modellmethode lassen sich die Aufgaben der Führungskader, die die Entscheidung zu fällen haben, und der Ökonomen, die in einem Operationsforschungskollektiv arbeiten, ableiten. Aus diesen Aufgaben ergeben sich wiederum die Ausbildungsziele auf dem Gebiet der Operationsforschung.

Sowohl die Möglichkeiten als auch die Grenzen der praktischen Nutzanwendung der Operationsforschung ergeben sich u. a. aus den bisher entwickelten Methoden und Prämissen der verwendeten Modelle. Die Anwendung der Produktionsfunktionsanalyse, der linearen Optimierung und Verflechtungsbilanzierung wurde deshalb im Hinblick auf die Prämissen der entsprechenden Modelle untersucht. Die Anwendungszweckmäßigkeit wird von dem Grad der Homomorphie der Modelle, der Verständlichkeit mathematischer Ausdrucksweisen und der Wirtschaftlichkeit der Anwendung von Operationsforschungsmethoden bestimmt.

Резюме

Название работы: Исследование операций в сельском хозяйстве – Возможности и пределы применимости метода

Исходя из предмета и инструментария, а также из существенных признаков исследования операций и преимуществ применения математических методов, а также моделей, проводится анализ возможностей применения этого метода. Обработка данных рассматривалась при этом только как средство для исследований операций.

Сущность исследований операций становится ясной из присущих им методов работы. Подготовка решений с помощью исследований операций отличается от подготовки решений традиционными методами прежде всего широким применением методов моделей. Под методом моделей понимают способ получения информаций, при котором за счет формулирования математических моделей, их расчета и анализа получают информацию об оригинале. По отдельным этапам работ при исследовании операций и применению метода моделей можно сделать выводы о задачах руководящих кадров, которые должны принять решение, и экономов, которые работают в коллективе, занимающемся исследованием операций. На основании этих задач, опять-таки, вытекают цели, стоящие при обучении в области исследований операций.

Как возможости, так и пределы практического применения исследований операций вытекают из разработанных до сих пор методов и предпосылок примененных моделей. Применение анализа производственных функций, линейного программирования и межотраслевого баланса поэтому исследовалось с точки зрения предпосылок примененных соответствующих моделей. Целесообразность применения определяется степенью гомоморфности моделей, ясностью математического способа выражения и экономичностью применения методов исследований операций.

Summary

Title of the paper: Operation research in agriculture – possibilities and limitations in applying it

The possibilities of applying operation research are analyzed taking into account the following as points of departure, namely, its objective and framework, the means of implementing it, its main characteristics and the advantages in using mathematical methods and models. Data processing is considered only as a means of operation research.

The essence of operation research is distinctly seen especially in its methods of work. Decision preparation with operation research can be distinguished from the traditional method of decision preparation by the wide use of model methods. Model methods mean the procedure or technique in gaining information which, in turn, is gained by formulation, calculation, and evaluation of mathematical models about the object in question. Managers who have to make decisions and economists in operation research teams derive tasks from the working stages of operation research and by using model methods. From these tasks again the aims of education and training in its field are obtained.

Both the possibilities and limitations in its practical application of operation research are a result of methods and premises developed hitherto. The use of production function analysis, linear programming, and input-output tables is therefore examined with regard to the premises of the appropriate models.

The purposefulness of operation research methods is determined by the similarity of the model, the clarity of the mathematical expression and the economy.

Literatur

ANDERS, H.; BANNORTH, H. G.: Zur Anwendung von Produktionsfunktionen in der Landwirtschaft. Inst. Agrarökonomik Neetzow, Dt. Akad. Landwirtsch.-Wiss. Berlin. Inst.-Ber. Nr. 9, 1968 (als Manuskript vervielf.)

BADEWITZ, S.: Zu einigen Aspekten der Planung und Leitung des landwirtschaftlichen Reproduktionsprozesses mit Hilfe mathematischer Methoden und Modelle. Informationsblätter Informationsgemeinschaft „Mathematik i. d. Landwirtschaft", 1967

BADEWITZ, S.: Methodische Beiträge zur Anwendung der linearen Optimierung in der Landwirtschaft. Halle-Wittenberg, Martin-Luther-Univ., Diss. 1968a

BADEWITZ, S.: Produktionsfunktionen und deren Analyse. In: Autorenkollektiv, Mathematische Methoden in Planung und Leitung der sozialistischen Landwirtschaft. Zentralstelle f. Fachschulausbildung beim Landwirtschaftsrat der DDR Brieselang, 1968b

BADEWITZ, S.: Die Anwendung von Repräsentativmodellen zur standortgerechten Verteilung der landwirtschaftlichen Produktion und zur zweckmäßigen Umsetzung bzw. Verteilung mobiler Produktivkräfte. Wiss. Beitr. d. Martin-Luther-Univ. Halle-Wittenberg, Math. Methoden i. d. Landwirtsch. 1968c/16 (4)

BADEWITZ, S.; WERNECKE, K. D.: Stabilitätstest an Optimierungsergebnissen und mögliche Schwankungsbereiche von Parametern linearer Optimierungsmodelle. Kühn-Arch. Bd. 82 (1968), H. 2, 233–251

BEHR, J.; BRÜNECKE, K.: Meßmethoden der volkswirtschaftlichen Produktivitätsentwicklung mit Hilfe aggregierter Produktionsfunktionen. Schr. Inst. Wirtschaftswiss. Nr. 21, Akad.-Verl., Berlin, 1965

CANDLER, W.: Reflection on „Dynamic Programming Models". J. Farm Econ., Vol. 42 (1960), S. 920–926

DADAJAN, W. S.; KOSSOW, W. W.: Die Verflechtungsbilanz als Instrument der Planberechnung. Berlin, Verl. Die Wirtschaft, 1964

DAY, R. H.: Recursive Programming and Production Response. Amsterdam, 1963

DORFMAN, R.: Mathematical, or „Linear" Programming: A nonmathematical exposition. Amer. Econ. Rev. Vol. XLIII, Dec. 1953, Nr. 5, Part. I, S. 798–825

FISCHER, H.: Modelldenken und Operationsforschung als Führungsaufgaben. Schr. R. sozial. Wirtschaftsführ. Berlin, Dietz Verl., 1968

HEIDHUES, Th.: Entwicklungsmöglichkeiten landwirtschaftlicher Betriebe unter verschiedenen Preisannahmen. Ber. Landwirtsch. 181. S.-H. Hamburg und Westberlin, Verl. Paul Parey, 1966

HENRICHSMEYER, W.: Anwendungsmöglichkeit und Aussage von Input-Output-Modellen für den Agrarbereich. Agrarwirtschaft 16 (1967), H. 4, S. 105–118

HEYDE, W.: Das Matrizenmodell des Betriebsablaufs und seine Verwendung für ökonomische Berechnungen im sozialistischen Chemiebetrieb. In: HEYDE, NEUMANN, STRAUSS: Organisation und Planung des sozialistischen Chemiebetriebes, Kap. 18. Leipzig, Dt. Verl. Grundstoffind., 1963

HOFFMANN, E.; DÖRFEL, H.; Die funktionale Betrachtungsweise bei der Auswertung von Feldversuchen. Z. landwirtsch. Versuchs- u. Untersuchungswes. 9 (1963), H. 2, S. 75–107

JEFIMOW, A. N.: Die Rolle der Verflechtungsbilanz bei der Optimierung volkswirtschaftlicher Proportionen. In: Verflechtungsbilanz, Planung und Leitung der Volkswirtschaft, H. 12, Berlin, Verl. Die Wirtschaft, 1966

JOKSCH, H. C.: Lineares Programmieren. Tübingen, J. C. B. Mohr, 1962

KEHRBERG, E. W.; REISCH, E.: Wirtschaftslehre der landwirtschaftlichen Produktion. München- Basel-Wien, BLV Verlagsgesellsch., 1964

KLAUS, G.; BUHR, M.: Philosophisches Wörterbuch. Leipzig, VEB Bibliograph. Inst., 1965

KOHLMEY, G.: Zielfunktionen des sozialistischen Wirtschaftens. Sitz.-Ber. Dt. Akad. Wiss. Berlin, 1966, Nr. 4

KÖHNE, M.: Ansätze zur Berücksichtigung nichtlinearer Relationen in der linearen Programmierung. Agrarwirtschaft 14 (1965), H. 11, S. 453–458

KÖHNE, M.: Theorie der Investition in der Landwirtschaft. Berichte über Landwirtschaft, 182. S.–H., Hamburg und Westberlin, Verl. Paul Parey, 1966

KRELLE, W.: Ganzzahlige Programmierungen, Theorie und Anwendung in der Praxis. Unternehmensforschung 2 (1958), S. 161–175

KUBAŠ. P.: Methodische Fragen der Konstruktion von Modellen der optimalen Planung in der Landwirtschaft. Forsch.-Abschlußber. Forsch.-Inst. Agrarökonomik, Zweigstelle Bratislava, 1967

LOFTSGARD, L.; HEADY, E. O.: Application of dynamic Programming Modells for optimum farm and home plans. J. Farm Econ. Vol. XLI (1959), S. 51–62

MAIER, H.: Über die Modell-Gesetz-Relation bei der Analyse ökonomischer Wachstumsprozesse. Wirtschaftswissenschaft (1968), H. 2, S. 201–237

MEIER, R.: Die Dualitätstheorie der linearen Optimierung. In: Die Anwendung mathematischer Methoden in der Landwirtschaft, Berlin, VEB Dt. Landwirtsch.-Verl., 1968

MÜLLER, H.: Die Auswahl der Zielkriterien bei der Optimierung von Perspektivplanvarianten sozialistischer landwirtschaftlicher Betriebe. Inst. Agrarökonomik, Neetzow, Dt. Akad. Landwirtsch.-Wiss. Berlin. Institutsber. Nr. 10, 1968 (als Manuskript vervielf.)

NOLL, W.: Erweiterung der Methodik der Optimierung unter besonderer Berücksichtigung landwirtschaftlicher Probleme. Inst. Agrarökonomik Neetzow, Dt. Akad. Landwirtsch.-Wiss. Berlin. Institutsber. Nr. 7, 1967 (als Manuskript vervielf.)

PAASCH, E. W.: Methodische Untersuchungen über die Ökonomik des Produktionsmitteleinsatzes in der Landwirtschaft, dargestellt am Beispiel der mineralischen Düngung. Halle-Wittenberg, Martin-Luther-Univ., Habil.-Schr. 1958

PETSCH, H.: Zur Ausarbeitung von Verflechtungsmodellen in der sozialistischen Landwirtschaft der DDR. Berlin, Humboldt-Univ., Diss. 1965

PLATT, D.: Input-Output-Analyse. Schr. wirtschaftswiss. Forsch. Bd. 6, Meisenhaim am Glan, Verl. Anton Hain KG, 1957

RESSEL, K.: Untersuchungen über Verflechtungsmodelle in der Jahresplanung der volkseigenen Güter der Deutschen Demokratischen Republik. Halle-Wittenberg, Martin-Luther-Univ., Diss. 1967

RUTHENBERG, H.: Die Bestimmung der optimalen Aufwandshöhe und Aufwandszusammensetzung bei der Mineraldüngung. Ber. Landwirtsch. Bd. 36. S. 69–94, Hamburg u. Westberlin, Verl. P. Parey, 1958

SCHADEREIT, G.: Die Anwendung der Produktionsfunktionsanalyse zur Bestimmung des Nutzens der Umlaufmittel (dargestellt an der Stickstoffdüngung). Z. Agrarökonomik 10 (1967), H. 1, S. 40–49

SCHMUNTZSCH, S.: Anwendung der linearen parametrischen Optimierung und der quadratischen Optimierung auf betriebs -und arbeitsökonomische Teilgebiete. Forschungsabschlußber. Inst. Ökonomik soz. Landwirtschaftsbetriebe d. Martin-Luther-Univ. Halle-Wittenberg, 1968

SCHNABEL, K.: Erhöhung der Flexibilität linearer Optimierungsmodelle. Berlin, Dt. Akad. Landwirtsch.-Wiss. Diss. 1966

SCHUBERT, E.: Ein flexibleres Verflechtungsmodell für die Planung in der Landwirtschaft. Tag.-Ber. Dt. Akad. Landwirtsch.-Wiss. Berlin Nr. 83, 1966, S. 53 bis 56

SCHUBERT, E.: Ausarbeitung und Anwendung von Verflechtungsmodellen für die landwirtschaftliche Produktion. Berlin, Dt. Akad. Landwirtsch.-Wiss., Diss. 1968

SEYKOROVA, E.: Die Ausarbeitung des Produktions- und Finanzplanes des landwirtschaftlichen Betriebes mit Hilfe einer elektronischen Rechenanlage. Tag.-Ber. Dt. Akad. Landwirtsch.-Wiss. Berlin, Nr. 83, 1966, S. 21–35

STÖWE, H.: Ökonometrie und makroökonomische Theorie. Ökon. Stud. H. 3, Stuttgart, Gustav-Fischer Verl., 1959

TINTNER, G.: Handbuch der Ökonometrie. Erschienen im Rahmen der Enzyklopädie der Rechts- und Staatswissenschaften. Westberlin-Göttingen-Heidelberg. Springer-Verl., 1960

WEBER, E.: Grundriß der biologischen Statistik. Jena, VEB Gustav Fischer Verl., 1967

WEINSCHENCK, G.: Grenzwerttheorie und Kalkulationsverfahren im landwirtschaftlichen Betrieb. Ber. Landwirtsch. Bd. 35, S. 801–830. Hamburg und Westberlin, Verl. Paul Parey, 1957

WÜSTNECK, K. D.: Methodologie und philosophische Probleme der Modellmethode und ihrer Anwendung in den Gesellschaftswissenschaften. Berlin, Dt. Akad. Wiss., Diss. 1966

ZAPF, R.: Zur Anwendung der linearen Optimierung in der landwirtschaftlichen Betriebsplanung. Ber. Landwirtsch. 179. S.-H. Hamburg u. Westberlin, Verl. Paul Parey, 1965

ZIMMERMANN, X.: Mathematische Entscheidungsforschung und ihre Anwendung auf die Produktionspolitik. Westberlin, Walter de Gruyter, 1963
Anonym: Rahmenmethodik für die Einführung der Verflechtungsbilanzierung in der Planung der Produktion (Teilverflechtungsbilanzierung). Berlin, Verl. Die Wirtschaft, 1966

Anschrift des Verfassers:
*Dr. agr. Siegfried **BADEWITZ***
Sektion Pflanzenproduktion,
Lehrstuhl für Operationsforschung und elektronische Datenverarbeitung,
Martin-Luther-Universität Halle-Wittenberg
40 Halle, Adam-Kuckhoff-Straße 15

Bei Fragen zur Produktsicherheit wenden Sie sich bitte an:
If you have any questions regarding product safety,
please contact:

Walter de Gruyter GmbH
Genthiner Straße 13
10785 Berlin
productsafety@degruyterbrill.com